Enrique Rosales Asensio

Evaluación del coste de la utilización del calor residual procedente de plantas cogeneradoras en redes de calefacción y refrigeración urbana

GRIN Publishing

Bibliographic information published by the German National Library:

The German National Library lists this publication in the National Bibliography; detailed bibliographic data are available on the Internet at http://dnb.dnb.de .

Imprint:

Copyright © 2015 GRIN Verlag GmbH
Print and binding: Books on Demand GmbH, Norderstedt Germany
ISBN: 978-3-656-93029-7

This book at GRIN:

http://www.grin.com/es/e-book/294441/evaluacion-del-coste-de-la-utilizacion-del-calor-residual-procedente-de

Evaluación del coste de la utilización del calor residual procedente de plantas cogeneradoras en redes de calefacción y refrigeración urbana de baja temperatura

Resumen

El objetivo de la investigación aquí mostrada es analizar los posibles beneficios resultantes de la reconversión de centrales termoeléctricas convencionales en plantas cogeneradoras con una infraestructura asociada de redes de calefacción y refrigeración urbana de baja temperatura. Dicho análisis se llevará a cabo a través de una evaluación financiera con el objeto de estimar la variación anual en el coste total del sistema.

En concreto, se estudiará el coste total anualizado de proporcionar calor y frío a áreas urbanas que representan condiciones climatológicas del norte, centro y sur de Europa (Oldemburgo-Wilhelmshaven, Bristol y Cartagena respectivamente). En el caso base se representarán las condiciones a día de hoy, las cuales serán comparadas con escenarios alternativos en los que las centrales termoeléctricas convencionales existentes serán reconvertidas en plantas cogeneradoras.

Palabras clave: Redes de calefacción y refrigeración urbana de baja temperatura, cogeneración, reconversión de centrales termoeléctricas, condiciones climatológicas, Unión Europea.

1. Introducción

Como regla general las centrales térmicas de nueva construcción podrán diseñarse como central exclusivamente eléctrica o como planta cogeneradora (Mayor of London, 2008, p. 21) – normalmente con la opción de cambiar a modo condensación [sin pérdida de eficiencia alguna (Friis-Jensen, 2010, p. 15)] para el último caso (IEA, 2005, p. 149). Dependiendo del tipo de planta, potencia nominal y localización, el coste extra para la versión cogeneradora variará entre un 10% y un 45% (Lako, 2010, p. 3). Si se desea que la planta cogeneradora sea lo más eficiente posible, el reemplazo de la turbina será probablemente obligado (Loikala, 2006, p. 103); debe tenerse en cuenta que aunque ésta sea una solución cara, siempre será mucho más barata que construir una central eléctrica nueva (Atkins Ltd, 2013, p. 15).

En aquellos países en los que la tecnología de la cogeneración y las redes de calefacción urbana está más avanzada (como es el caso de Dinamarca), muchas de las unidades de las centrales térmicas reconvertidas a plantas cogeneradoras han sido (o van a ser) reemplazadas por unidades más modernas situadas en el mismo emplazamiento, desmantelando las unidades antiguas (Auken, 1999) o utilizándolas como reserva.

En cualquier caso debe tenerse en cuenta que otros factores no técnicos tales como el régimen de planificación energético también entrarán en juego y que bajo ningún concepto todas las centrales térmicas existentes podrán ser reconvertidas en plantas cogeneradoras, teniendo que considerarse las acciones a tomar de manera individual.

Es preciso indicar que, en el supuesto de que la reconversión total (de todas las unidades) de una central térmica proporcione un calor superior al necesitado por las cargas, se puede proceder a una reconversión parcial de la planta (National Research Council, 1984, p. 158) a un coste obviamente inferior. Por ejemplo, si se considera la central de ciclo combinado de El Fangal (Cartagena, España) (Burke, 2003, p. 50), sería posible reconvertir sólo una de las tres unidades de 400 MW. Si el destino del calor fueran redes de calefacción urbana de baja temperatura (con una demanda energética inferior a la que se tendría en caso de emplearse redes de calefacción urbana convencionales), el número de unidades a reconvertir evidentemente disminuirá (Lee, 1996, p. 240). La reconversión se consigue gracias a una modificación/reemplazo de la turbina de baja presión (Sallent-Cuadrado, 2009, pp. 38, 39) y modificando/reemplazando el condensador existente por un condensador de calefacción urbana (Sysav, 2009, p. 9).

Alternativamente, una de las unidades puede ser parcialmente reconvertida para proporcionar calor a una temperatura mayor, extrayendo del espacio comprendido entre las turbinas de alta y baja presión (Jonshagen, 2011, p. 5) calor a alta temperatura y presión (Ministerio de Economía, 2002, p. 10 358). Esta solución tendría una eficiencia global inferior a la del reemplazo de la turbina de baja presión (Lee, 1996, pp. 240, 241).

Tal y como se ha expuesto, debe entenderse que existen múltiples opciones para reconvertir una central térmica convencional, dependiendo la mejor opción en todo caso de un estudio detallado de la planta, del propósito para el que se requiere el calor y de la cantidad necesaria del mismo (Lee, 1996, p. 241).

En Ilustración 1 puede observarse la actual diseminación de las redes de calefacción urbana en la UE. Debe tenerse en cuenta que, con la excepción de los países nórdicos y algunos casos excepcionales, la mayoría de estos sistemas abarcan una parte muy limitada de la ciudad.

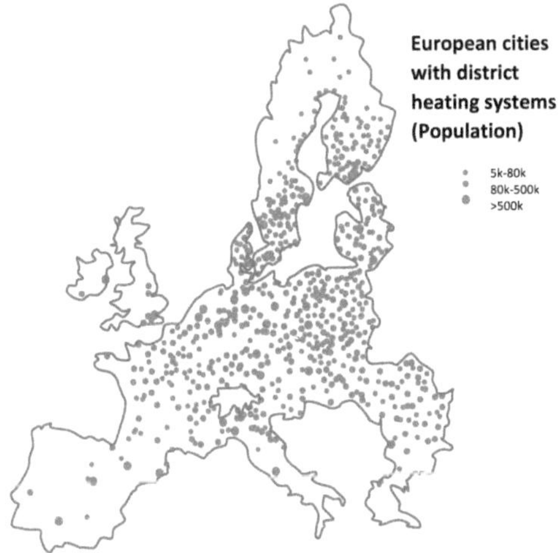

Ilustración 1. Ciudades con una población de más de 5000 habitantes y sistemas de calefacción urbana en la UE (Connolly et al., 2013, p. 24)

En la literatura científica se pueden encontrar un elevado número de investigaciones que estudian las repercusiones económicas y/o medioambientales resultantes de la utilización conjunta de cogeneración y redes de calefacción urbana. Entre las más reseñables se pueden citar las llevadas a cabo por Lund, que evaluó la demanda de calor asumiendo actividades de conservación energéticas para redes de calefacción urbana situadas todas ellas en Letonia (Lund et al., 1999, p. 553); igualmente sería Lund el que analizara el sistema energético danés con el objeto de evaluar el impacto que diferentes opciones de calefacción tienen sobre la demanda total de combustible y las emisiones de CO_2 (Lund et al., 2010, p. 1382); Nielsen y Möller por su parte llevaron a cabo análisis de edificaciones sitas en Dinamarca con consumos energético reducidos (Nielsen y Möller, 2013, pp. 463-466); Lončar y Ridjan se centraron en los aspectos ambientales, de eficiencia energética y económicos de la introducción conjunta de redes de calefacción urbana y cogeneración para una ciudad croata de 30 000 habitantes (Lončar y Ridjan, 2012, p. 33); o Dotzauer, que consideró la planeación de cuatro sistemas de calefacción urbana para la ciudad de Estocolmo (Dotzauer, 2003, p. 1547). Sin embargo, la evaluación que las condiciones climatológicas (indudablemente) tienen sobre la factibilidad de la utilización conjunta de redes de calefacción urbana y cogeneración, no ha gozado de la misma atención, por lo que un estudio que atienda a las mismas es, a todas luces, necesario.

Una vez expuestas en esta primera sección las posibilidades de reconversión de centrales térmicas convencionales en plantas cogeneradoras y representadas las ciudades de la UE-28 que tienen redes de calefacción urbana (independientemente del tamaño del sistema), en la sección segunda se expondrá el método utilizado para llevar a cabo la investigación; en la sección tercera se expondrán estudios de casos de la implantación de redes de calefacción urbana de baja temperatura en tres ciudades de la UE-28 con distintas condiciones climatológicas; posteriormente, en la sección cuarta se mostrarán los resultados para los casos de estudio de las ciudades seleccionadas. Finalmente, la sección quinta se reservará para las conclusiones, donde se presentarán las consecuencias económicas resultantes de la realización de los proyectos en las secciones tercera y cuarta.

2. Materiales y métodos

Conociendo la energía necesaria para suministrar calor y frío a un número específico de consumidores y a partir de diversos parámetros tecno-económicos de las centrales térmicas convencionales seleccionadas (las cuales serán igualmente evaluadas suponiendo de que fueran reconvertidas a plantas cogeneradoras), se sustentarán los tres casos base que incluirán costes e ingresos de las plantas así como el coste de calefactar y refrigerar las cargas de los consumidores utilizando los equipos disponibles en la actualidad. Esta evaluación incluirá el coste de capital, costes de renovación, costes de mantenimiento operacional así como los ingresos obtenidos de generar electricidad.

Para la evaluación de los casos en los que la central térmica convencional sea reconvertida a una planta cogeneradora, se tendrá en cuenta el coste de dicha reconversión, inversión en infraestructura (redes de calefacción/refrigeración urbana), precio de la electricidad, así como costes de adecuación de las edificaciones (en el supuesto de que se incluyan acumuladores de calor que puedan hacer frente a una demanda de dos días, se podrá asumir que la electricidad generada se vende en el mercado al contado en el instante óptimo) (Krajacic et al., 2011, pp. 2048, 2049).

Para realizar el análisis económico se han comparado los costes anuales de los sistemas para los casos especificados, la electricidad neta (diferencia entre la electricidad medida en las barras de la central y los consumos de la misma), la energía primaria empleada y las emisiones de dióxido de carbono (calculadas para cada caso directamente a partir de la energía primaria).

2.1 Costes anuales

El coste anual de la energía anualizada en el sistema se ha calculado para cada caso utilizando (1) (Jožef Stefan Institute, 2009, pp. 8, 9) (Anderson, 2007, p. 5).

$$C = AC_t + m \cdot X + v \cdot X + f - REV \tag{1}$$

Donde:

AC_t: Costes totales anualizados de capital (aquellos en los que se incurren cuando se construye la planta) (Newell, et al., 2014, p. 16)

$m \cdot X$:   Costes totales anuales fijos de operación y mantenimiento (incluye costes de operación del personal de la planta, impuestos, seguros y otros servicios) (Vuorinen, 2007, p. 22)

$v \cdot X$: Costes totales anuales variables de operación y mantenimiento (incluye costes de mantenimiento y de materiales variables) (Vuorinen, 2007, p. 22)

f: Costes totales anuales de combustible

REV: Ingresos totales anuales procedentes de la electricidad vendida

Costes totales anualizados de capital

Los costes totales anualizados de capital (es decir, el valor presente neto de la suma de todos los costes anuales que se dan para cada año de la inversión) para cada tecnología (central eléctrica, equipamiento, red eléctrica, etc.) se calculan empleando (2) y (3) (Williams et al., 2001, pp. 687, 688) (Dimian et al., 2013, p. 725) (Anderson, 2007, p. 5):

$$AC_t = \sum_{t=1}^{T} A(n,d) \cdot c_t \cdot X \tag{2}$$

$$A(n,d) = \frac{d \cdot (1+d)^n}{(1+d)^n - 1} \tag{3}$$

Donde:

$A(n,d)$: Factor de anualidad para un equipamiento de n años y tasa de descuento d

c_t: Coste de capital para una tecnología dada

X: Potencia nominal de una tecnología dada

d: Tasa de descuento

n: Tiempo de vida de la tecnología

Debido a que la calefacción urbana es una inversión infraestructural (Levidow et al., 2013, p. 18), y con objeto de estar en línea con las recomendaciones para los países de Europa Occidental propuestas por la Dirección General de Política Regional y Urbana de la UE, se elegirá una tasa de descuento (social) del 3.5% ya que se ha considerado que este tipo de proyectos tienen un amplio impacto y son beneficiosos para la sociedad en su conjunto (Directorate General Regional Policy, 2008, p. 57). El resultado de utilizar otras tasas de descuento superiores (del 5.5% y 7.5%) será comprobado posteriormente en un análisis de sensibilidad.

La razón de elegir estas tasas de descuento radica en el hecho de que las mismas son, por un lado, las tasas de descuento sociales propuestas por la UE-28 para regiones competitivas (3.5%) y para las regiones de cohesión (5.5%) (Florio et al., 2008, p. 16) y, por el otro, 7.5% es una de las tasas de descuento más ampliamente utilizadas para la evaluación de proyectos de esta índole (Cambridge Economic Policy Associates and Ricardo – AEA, 2013, p. 6) (Element Energy Limited y AEA Group, 2012, pp. 65, 68, 86) (Ove Arup & Partners, 2011, p. 24).

En la presente investigación se asumirá que las tecnologías a gran escala serán continuamente mantenidas y reformadas, lo que evidentemente tendrá un impacto positivo en su tiempo de vida o vida técnica de la tecnología (Ricardo-AEA, 2014, p.

24) y supondrá unos costes de mantenimiento anuales mayores debido precisamente a esta extensión de vida económica (Economic Regulation Authority, 2004, p. 26).

Costes totales anuales fijos de operación y mantenimiento

La mayoría de las centrales eléctricas están continuamente siendo renovadas (Müller et al., 2001, p. 38) para extender su vida útil (DNV Climate Change Services, 2010, p. 6) (Bauer et al., 2012, p. 16 806), por lo que se ha creído conveniente añadir a los costes anuales fijos de operación y mantenimiento (los cuales suelen rondar el 2% del coste de inversión) (Lahmeyer International, 2008, p. 6/69) (Punnonen et al., 2013, p. 12) un 2% de los mismos para hacer frente a los costes de renovación. Debe tenerse en cuenta que la estimación de estos últimos entraña una considerable dificultad (IEA, 2003, p. 188) y que, dependiendo del tipo de central, mantenimiento realizado, edad, así como del país en el que se encuentren localizadas, podrán considerarse despreciables (Larsson, 2012, pp. 32-33), representar un 15% del coste de la inversión de la planta (Rosnes and Vennemo 2009, pp. 19-20) o incluso más (IAEA, 2002, pp. 42-43) (debido a estas circunstancias, se ha considerado que un 2% es una cantidad lo bastante general como para representar los costes de renovación a los que tienen que hacer frente las centrales térmicas típicas de Europa Occidental).

Costes totales anuales variables de operación y mantenimiento

Aparte de los costes fijos de operación, se han asumido unos costes variables de operación y mantenimiento proporcionales a la electricidad generada (Bureau of Resources and Energy, 2013, p. 25).

Costes totales anuales de combustible

Haciendo uso principalmente de los datos obtenidos a partir del Portal de Energía de Europa, se utilizarán distintos precios de combustibles para el sector residencial (empleando los precios ofrecidos a las viviendas de cada país de la UE) y el industrial (asumiendo en este caso que la central adquirirá el combustible a precios industriales aplicables a grandes consumidores).

Ingresos totales anuales procedentes de la electricidad vendida

Se asume que la electricidad es vendida en un mercado al contado basado en estadísticas de sus respectivos operadores del mercado eléctrico (EEX, Elexon, OMEL). Las asunciones se presentan en Tabla 1.

Tabla 1. Precios asumidos de la electricidad en mercados al contado y para consumidores domésticos, del carbón y del gas natural (tanto para consumidores industriales como domésticos) para Oldemburgo-Wilhelmshaven, Bristol y Cartagena (Market Observatory for Energy, 2013, p. 10) (Eurostat, 2014) (Statistical Office of the European Communities, 2014) (European Union, 2015) (International Energy Agency, 2012, p. IV 170) (Capros et al., 2014, pp. 17, 48)

Ciudad	Concepto	Precio	Unidad
Oldemburgo-Wilhelmshaven	Precio asumido del carbón[1]	16	€/MWh
Bristol	Precio asumido del gas natural para consumidores industriales	23	€/MWh
Cartagena	Precio asumido del gas natural para consumidores industriales	24	€/MWh
Oldemburgo-Wilhelmshaven	Precio asumido de la electricidad para el mercado al contado operado por EEX	52	€/MWh

---

[1] Nótese que la central térmica de Wilhelmshaven (E.ON) emplea carbón como combustible, por lo que, a diferencia de las centrales térmicas de Seabank (Bristol) y de El Fangal (Cartagena) – que utilizan gas natural –, no es necesario incluir el precio del gas natural para consumidores industriales. Por su parte, al utilizar los consumidores domésticos de Oldemburgo-Wilhelmshaven gas natural (al igual que los de Bristol y Cartagena), en este caso evidentemente sí se ha mostrado su precio asumido

Bristol	Precio asumido de la electricidad para el mercado al contado operado por Elexon	57	€/MWh
Cartagena	Precio asumido de la electricidad para el mercado al contado operado por OMEL	51	€/MWh
Oldemburgo-Wilhelmshaven	Precio asumido del gas natural para consumidores domésticos	67	€/MWh
Bristol	Precio asumido del gas natural para consumidores domésticos	60	€/MWh
Cartagena	Precio asumido del gas natural para consumidores domésticos	85	€/MWh
Oldemburgo-Wilhelmshaven	Precio asumido de la electricidad para consumidores domésticos	298	€/MWh
Bristol	Precio asumido de la electricidad para consumidores domésticos	191	€/MWh
Cartagena	Precio asumido de la electricidad para consumidores domésticos	225	€/MWh

2.2 Factores de conversión y de emisión

Además del carbón y del gas natural utilizado por las centrales térmicas y los consumidores domésticos, la demanda de energía primaria incluye la electricidad neta del sistema estudiado (IEA, 2012, p. I.5).

La energía primaria anual correspondiente a la electricidad debe estimarse en base a la media de las asunciones de las eficiencias de diferentes fuentes energéticas y a la consideración de unas pérdidas en las redes de transporte y distribución de un 9% para el mix eléctrico de cada país (debe tenerse en cuenta que las tres ciudades estudiadas están situadas en Europa Occidental, por lo que se entiende como razonable este 9%) (Vikkelso et al., 2003, p. 6) (MWH, 2009, pp. 3, 4) (Osman, 2006, p. 46) (Sánchez, 2008, p. 14). El mismo, presentado en Tabla 2, está basado en estadísticas del *The Shift Project Data Portal* para el año 2012. Los factores de conversión de energía primaria calculados para las centrales evaluadas (SEAI, 2010, p. 2), las eficiencias asumidas (Energinet, 2012, pp. 35, 50) (Eurelectric, 2003, p. 13) y los factores de emisión utilizados (nótese la divergencia de los mismos dependiendo del país estudiado y bibliografía empleada) (Egenhofer et al., 2006, pp. 99, 102, 111) (European Commission, 2010, pp. 12, 13) (Hill, et al., 2013, pp. 23, 24) (SEAI, 2010, p. 3), se presentan en Tabla 3.

Tabla 2. Mix eléctrico para los países de las ciudades estudiadas. Fuente: The Shift Project Data Portal

Fuente energética	Oldemburgo-Wilhelmshaven (Alemania), %	Bristol (Reino Unido), %	Cartagena (España), %
Gas natural	11.0	28.0	25.0
Carbón	47.0	40.0	19.0
Petróleo	2.0	1.0	5.0
Energía nuclear	16.0	19.0	21.0
Biomasa	8.0	5.0	2.0
Energía hidroeléctrica	4.0	2.0	7.0
Energía eólica	8.0	5.0	18.0
Energía solar fotovoltaica	4.0	0.0	3.0

Tabla 3. Factores de conversión de energía primaria, eficiencia y factores de emisión utilizados para las centrales estudiadas

Central eléctrica	Tipo	Combustible empleado	Eficiencia eléctrica en modo condensación, %	Energía empleada en generar electricidad, TWh	Energía eléctrica de salida, TWh	Pérdidas en las redes de transporte y distribución, TWh	Factor de conversión	Factor de emisión, tCO$_2$/MWh
Wilhelmshaven (E.ON)	Central térmica de carbón	Carbón	46	9.51	4.37	0.39	2.39	0.50
Seabank (Bristol)	Central térmica de ciclo combinado	Gas natural	55	12.18	6.70	0.60	1.99	0.24
El Fangal (Cartagena)	Central térmica de ciclo combinado	Gas natural	55	12.81	7.04	0.63	1.99	0.24

3. Cálculo

Para cada una de las ciudades de Oldemburgo-Wilhelmshaven, Bristol y Cartagena se han tenido en cuenta las demandas de calor y refrigeración (unas demandas que, evidentemente, dependen de sus respectivas condiciones climatológicas). A continuación se exponen cada uno de los casos considerados:

Situación actual (Caso Base)

El Caso Base es la situación presente. Las centrales eléctricas existentes venden electricidad en un mercado al contado de electricidad sin suministrar calor a ninguna red de calefacción urbana. La refrigeración se consigue a través de sistemas de aire acondicionado convencionales.

Para la evaluación del Caso Base se han considerado las siguientes tecnologías:

- La central térmica convencional asignada a Oldemburgo-Wilhelmshaven ha sido la central de carbón de Willhelmshaven (E.ON); para Bristol, la planta asignada ha sido la central de ciclo combinado de Seabank; por su parte, para Cartagena la central térmica de ciclo combinado de El Fangal ha sido la elegida para llevar a cabo la evaluación[2].
- Aparatos de calefacción individuales utilizando electricidad; Aparatos de calefacción individuales empleando gas; Aparatos de refrigeración individuales.

Caso COGEN-a1

Para este caso las centrales térmicas convencionales se han supuesto plantas cogeneradoras a través de su reconversión, habiéndose tenido también en cuenta la inversión asociada a la infraestructura necesaria para posibilitar la implantación de redes de calefacción urbana de baja temperatura. A diferencia de COGEN-b y COGEN-c, la refrigeración se lleva a cabo a través de equipos de aire acondicionado eléctricos.

Añadiendo un acumulador de calor al sistema, se puede asumir que la planta cogeneradora proporcionará el mismo número de horas de electricidad que la central térmica convencional en el caso base. Ésta es una simplificación conservadora debido a que realmente la planta cogeneradora suele generar electricidad durante más horas que las centrales convencionales (AECOM, 2012, p. 76), lo que añade un beneficio adicional al sistema. Debe tenerse en cuenta que este calor adicional modifica las condiciones económicas de operación de la planta debido a la reducción de costes operacionales (Amiri, 2013, p. 103) y al aumento de la rentabilidad (Beer et al., 2012, p. 8).

La opción COGEN-a1 se ha comparado con la alternativa del Caso Base realizando un análisis de sensibilidad. En la alternativa del Caso Base, se mantienen los actuales

---

[2] Para llevar a cabo los estudios de caso y en la elección del tipo de central térmica (que repercutirá evidentemente en el tipo de combustible empleado), se ha intentado que la muestra sea lo más representativa posible. Aunque existen algunas excepciones (tales como la central térmica de Frimmersdorf, la cual está localizada a 35 km Colonia y que en la actualidad utiliza su calor residual en las red de calefacción urbana de Grevenbroich, también conocida como la "capital de la energía") (RWE, 2005, pp. 3, 7), lo cierto es que las centrales térmicas de lignito tienden a estar localizadas distantes de las cargas térmicas de las ciudades al tener normalmente que estar situadas cerca de las minas de lignito. Una circunstancia similar se da con las centrales nucleares, las cuales tienden a estar localizadas lejos de las grandes ciudades, por lo que no serán seleccionadas para su evaluación.

dispositivos de calefacción en las viviendas, no produciéndose mejora alguna en los mismos ni por lo tanto inversión.

Para el cálculo del caso COGEN-a1 se han tenido en cuenta las siguientes tecnologías y consideraciones (Molyneaux, et al., 2010, pp. 752, 753):

- Costes de reconversión de las centrales térmicas convencionales existentes en plantas cogeneradoras; Tuberías de transporte desde las centrales térmicas hasta la redes de calefacción urbana; Redes de calefacción urbana de las ciudades; Acumuladores en las redes de calefacción urbana.
- Sistemas de caldera centralizada de gas natural para demanda pico; Costes de conexión de las viviendas individuales y de los intercambiadores de calor; Aparatos de refrigeración individuales.

Caso COGEN-a2

El caso COGEN-a2 es similar al COGEN-a1 pero construyendo una nueva planta cogeneradora en vez de reconvirtiendo la central térmica convencional.

Caso COGEN-b

A diferencia del caso COGEN-a1, COGEN-b asume unidades de absorción (individuales) que utilizan la red de calefacción urbana para refrigerar.

Para el cálculo del caso COGEN-b se incluyen las siguientes tecnologías y consideraciones:

- Costes de reconversión de las centrales térmicas existentes en plantas cogeneradoras; Tuberías de transporte desde las centrales eléctricas hasta la redes de calefacción urbana; Redes de calefacción urbana de las ciudades; Acumuladores en la red de calefacción urbana.
- Calefacción centralizada (calderas) utilizando gas natural para demanda pico; Coste de los intercambiadores de calor y de la conexión a las edificaciones; Unidades de absorción empleadas como aparatos de refrigeración individuales.

Caso COGEN-c (trigeneración)

A diferencia del caso COGEN-a, en COGEN-c se asume que la refrigeración se obtiene a través de una red de calefacción urbana con unidades de absorción central (las cuales proporcionan refrigeración a dicha red utilizando el calor procedente de la cogeneración). Se asume que las unidades de absorción están localizadas entre las tuberías de transporte y las redes de calefacción de las ciudades.

Para el caso COGEN-c se asumen las siguientes tecnologías y consideraciones:

- Coste de reconversión de las centrales térmicas convencionales existentes en plantas cogeneradoras; Tuberías de transporte desde las centrales eléctricas hasta las redes de calefacción urbana; Redes de calefacción urbana; Redes de refrigeración urbana; Calefacción centralizada (calderas) a gas para demanda pico; Acumuladores en las redes de calefacción urbana; Unidades de refrigeración por absorción para refrigeración urbana.
- Coste de los intercambiadores de calor y de la conexión a las edificaciones; Aparatos de refrigeración individuales.

3.1 Centrales eléctricas y redes de calefacción y refrigeración urbana

Debe tenerse en cuenta que en la presente investigación sólo se han evaluado aquellas centrales térmicas convencionales que, aparte de cumplir con el requisito de poder encuadrarse fácilmente en las condiciones climatológicas del norte, centro y sur de Europa, cumplan ciertas restricciones (como por ejemplo que se encuentren localizadas a una distancia asumible respecto a la ciudad más cercana) y que *a priori* puedan reconvertirse fácilmente en plantas cogeneradoras a un coste razonable.

En Tabla 4 se exponen las centrales térmicas convencionales seleccionadas, mostrándose los parámetros tecno-económicos de aquéllas reconvertidas en plantas cogeneradoras y las de nueva construcción en Tablas 5 y 6 respectivamente.

Tabla 4. Centrales térmicas convencionales evaluadas

Central	Tipo de central	Combustible	Potencia nominal [MW]
Wilhelmshaven-E.ON (E.ON, pp. 9, 10)	Turbina de vapor	Carbón	757 (1 x 757 MW)
Seabank (Bristol) (Power Assets Holdings, p. 17)	Turbina de gas de ciclo combinado	Gas natural	1140 (1 x 755 MW + 1 x 385 MW)
El Fangal (Cartagena) (Burke, p. 50)	Turbina de gas de ciclo combinado	Gas natural	1200 (3 x 400 MW)

Tabla 5. Parámetros tecno-económicos utilizados para las centrales eléctricas seleccionadas

	Potencia nominal	Potencia térmica	Vida útil	Disponibilidad	η_e	η_{BP}[3]	η_h	Relación calor/ electricidad	CEH[4]	c_t[5]	m·X
	MW	MWt	Años	-	-		-	-	-	€/kW	€/kW
Planta existente - Cartagena	1200		60	0.94	0.55						31
Planta existente - Oldemburgo-Wilhelmshaven	757		60	0.95	0.46						72
Planta existente - Bristol	1140		60	0.94	0.55						31
Reconversión Cogeneración - Cartagena	1200	923	60	0.94	0.55	0.52	0.40	0.77	0.11	200	31
Reconversión Cogeneración - Oldemburgo-Wilhelmshaven	757	931	60	0.95	0.46	0.39	0.48	1.23	0.11	400	72
Reconversión Cogeneración - Bristol	1140	878	60	0.94	0.55	0.52	0.40	0.77	0.11	200	31
Nueva planta cogeneradora - Carbón			60	0.95	0.46	0.39	0.48	1.23	0.11	1800	72
Nueva planta cogeneradora - Gas			60	0.94	0.55	0.52	0.40	0.77	0.11	775	31

Donde: **Vida útil** – tiempo durante el que se asume una renovación continua de la instalación (Energinet, 2012, pp. 35, 36), **Disponibilidad** – Factor de disponibilidad técnica anual (Energinet, 2012, pp. 35, 50, 51), η_e – eficiencia eléctrica en modo condensación (Energinet, 2012, pp. 35, 50), η_{BP} – eficiencia eléctrica en modo contrapresión (Energinet, 2012, p. 51), η_h – eficiencia térmica en modo contrapresión (Energinet, 2012, p. 51), c_t – Coste de capital para una tecnología dada, m·X – Costes anuales de operación y mantenimiento fijos[6]

---

[3] Se ha considerado una eficiencia total en modo contrapresión del 90% (Energinet, 2012, pp. 35, 50, 210)

[4] Relación entre la electricidad perdida y el calor ganado (Gargiulo, 2009, p. 87, 88, 89) (Harvey, 2006, p. 567) (se ha supuesto que la recuperación de la energía térmica se produce a 80°C) (Gadd y Werner, 2014, pp. 59-61) (Rydstrand, 2004, p. 1947). En el caso de emplear temperaturas más ampliamente utilizadas como lo son aquéllas próximas a los 130°C (Danfoss A/S, 2008, p. 101), esta relación subiría hasta alrededor de 0.2 (Harvey, D.A., 2006, p. 112)

[5] (Breeze, 2010, p. 30) (House of Lords, 2005, p. 235) (Davison, 2011, p. 151)

[6] Se considera que los costes de operación y mantenimiento son del 2%/año de los costes de inversión (Parsons Brinckerhoff, 2009, p. 7), añadiéndose un 2%/año para hacer frente a la renovación y dar finalmente m·X (debe tenerse en cuenta la dificultad en la estimación del coste de renovación, por lo que se ha decidido seleccionar uno conservador) (Larsson, 2012, p. 33) (Blyth, 2010, p. 14)

Tabla 6. Parámetros tecno-económicos de equipos individuales y centralizados, redes y componentes necesarios para suministrar calor y frío a consumidores

	Vida útil	Disponibilidad	η_h o η_c	c_t	c_t	m·X
	Años	-	-	€/Unidad	€/kW	€/kW
Tubería de transporte – Oldemburgo-Wilhelmshaven	60 (Dalla Rosa, 2014, p. 110)	1.0 (Nuorkivi, 2005, p. 52)	0.99 (Zhang, 2014, p. 4)	–	432 (Pöyry, 2009, p. 114) (Riddle, 2013, p. 16)	4.3 (Kalkumn, 2009, p. 121)
Tubería de transporte – Bristol	60	1.0	0.99	–	144	1.4
Tubería de transporte – Cartagena	60	1.0	0.99	–	144	1.4
Acumulador	60 (Ånestad, 2014, p. 31)	0.7 (Gil, et al., 2010, p. 259)	0.99 (Akkaya, et al., 2013, p. 18)	8 700 000 (Petersen, 2004, p.3)[7]	–	-
Unidad de absorción centralizada para refrigeración urbana[8]	60 (Ånestad, 2014, p. 31)	0.9 (Calixto, 2006, p. 2465)	0.74 (Capital Cooling, 2014, p. 28)	–	80 (Goodheart, 2000, V, 142)	3.2 (Capital Cooling, 2014, pp. 19, 20)
Caldera de gas centralizada	30 (Pöyry, 2009, p. 97)	0.95 (Holmberg, 2009, p. 9)	0.85 (Pöyry, 2009, p. 97)	–	85 (Pöyry, 2009, p. 97)	3.75 (Pöyry, 2009, p. 97)
Red de calefacción urbana – Oldemburgo-Wilhelmshaven	60	1.0	0.91	5400	–	26.6
Red de calefacción urbana – Bristol	60	1.0	0.91	5400	–	26.6
Red de calefacción urbana – Cartagena	60	1.0	0.91	5400	–	26.6
Red de refrigeración urbana – Oldemburgo-Wilhelmshaven	60	1.0	0.90	5400	–	26.6
Red de refrigeración urbana – Bristol	60	1.0	0.90	5400	–	26.6
Red de refrigeración urbana – Cartagena	60	1.0 (Kaan, 2008, p. 2)	0.91 (Kankaro, 2013, p. 5)	5400 (Pöyry, 2009, p. 115)	–	26.6 (Department of Energy & Climate Change, 2012, p. 4) (Ehrig, et al., 2011, p. 10)
Inversión en un sistema húmedo[9] nuevo	30 (Euroheat & Power, 2011, p. 25)	1.0	0.95 (Kankaro, 2013, p. 5)	1685 (Rafferty, 1996, p. 13)	–	–
Válvula de presión individual	30 (Euroheat & Power, 2011, p. 25)	1.0	0.95	6657 (Rafferty, 1996, p. 13)	–	–
Intercambiador de calor individual	30 (Euroheat & Power, 2011, p. 25)	1.0	0.95 (Kopuničová, 2009, p. 43)	6657 (Rafferty, 1996, p. 13)	–	6.0 (Eggen, 2004, p. 7)
Unidad de absorción individual	15	0.9	1.00 (Pérez de Viñaspre, et al., 2004, p. 936)	–	496 (Yakazi, 2008)	1.7 (Yakazi, 2008)
Calentador a gas individual	15 (Pöyry, 2009, p. 105)	0.99	0.91 (Pöyry, 2009, p. 105)	–	51 (Pöyry, 2009, p. 105)	3.4 (Pöyry, 2009, p. 105)
Calentador eléctrico individual	15 (Pöyry, 2009, p. 106)	0.99	1.00 (Pöyry, 2009, p. 106)	–	220 (Pöyry, 2009, p. 106)	21 (Pöyry, 2009, p. 106)
Unidad de aire acondicionado individual	15	0.9	5.5 (Northwest Power & Conservation Council, 2000)	–	558 (Northwest Power & Conservation Council, 2000)	10.4 (Northwest Power & Conservation Council, 2000)
Ventiloconvector individual	30 (Dinçer y Zamfirescu, 2011, p. 411)	0.9	5.5	–	80 (Dinçer y Zamfirescu, 2011, p. 411)	70 (Edwards Valance, 2008, p. 3)

Donde: c_t – Coste de inversión a corto plazo por kW instalado o por unidad, **Vida útil** – Se supone una renovación continua de la inversión por lo que en algunos casos se ha asumido una vida útil de hasta 60 años (Energinet, 2012, pp. 35, 36), **m·X** – Costes anuales de operación y mantenimiento fijos, **Factor de disponibilidad** – Factor de disponibilidad técnica anual, η_h – eficiencia térmica, η_c – eficiencia de refrigeración

---

[7] Se ha supuesto que las características de los acumuladores en las redes de calefacción urbana evaluadas son las mismas que las localizadas en las proximidades de la planta cogeneradora de Avedøre (8000 GJ – 2 x 22000 m^3)

[8] Debido a su aplicación, se ha supuesto que la máquina de absorción es de simple efecto (Keil, 2008, p. 4) (Herold, et al., 1996, p. 161)

[9] Un sistema húmedo es aquel en el que los tubos de calefacción están insertados directamente en el hormigón (Nowak, 2014, p. 3)

Incluso para el caso de Oldemburgo-Wilhelmshaven y con el objeto de simplificar el análisis, se ha supuesto que la red de calefacción urbana es implantada conjuntamente como un todo (para este caso se asumirá la opción más desfavorable, que es aquélla en la que la red de calefacción urbana está localizada lo más alejada posible, en este caso en Oldemburgo). Una aproximación más realista sería asumir que la red de calefacción consiste en un creciente número de microrredes alimentadas por motores de gas y/o calderas durante la fase inicial de construcción y que algunos de los mismos son utilizados posteriormente como unidades pico conforme la red de calefacción se expande lo suficiente como para conectar las centrales eléctricas. Estos pasos requieren normalmente alrededor de 5 años (Schmidt, et al., 2013, p. 25), lo cual tendría un pequeño efecto en la economía de la vida útil de la red de calefacción urbana (o sobre la planta cogeneradora) que, con el mantenimiento adecuado, podrían llegar hasta los 60 años (Dalla Rosa, 2014, p. 110) (Energinet, 2012, pp. 35, 36).

3.2   Demanda

El número de consumidores a abastecer por las redes de calefacción urbana se estima para cada ciudad a través del calor de salida pico de las plantas cogeneradoras en el mes más frío (enero) (Dalla Rosa et al., 2012, p. 966) (Pirouti, 2013, p. 153) (Torchio et al., 2009, p. 222) (Dalla Rosa y Christensen 2011, p. 6895), debiéndose tener en cuenta que las mismas deben cubrir alrededor de un 50%-70% de la demanda pico (el número de consumidores abastecidos por la redes de calefacción urbana aumenta debido a que, además del calor proporcionado por la centrales cogeneradoras, la demanda pico es cubierta a través de calderas) (Energy Saving Trust, 2008, p. 20) (Ziębik y Gładysz 2012, pp. 220-222), véase Tabla 7 e ilustraciones 2 - 4. Se ha asumido que las cargas relativas a edificios residenciales se corresponden con viviendas unifamiliares (lo cual es una suposición bastante conservadora ya que los edificios multifamiliares obtendrían incluso mayores beneficios debido a sus menores necesidades en infraestructura y menores pérdidas de calor) (Brage, 2010, p. 2) (Gustavsson y Karlsson, 2003, p. 859) y que aquéllas que hacen referencia al resto de cargas son oficinas.

Tabla 7. Cálculo del número de consumidores (residenciales y no residenciales) que pueden abastecerse durante la demanda pico y demanda anual para calefacción y refrigeración

	Oldemburgo-Wilhelmshaven[10]	Bristol[11]	Cartagena[12]	Unidad
Potencia nominal de la planta cogeneradora (modo condensación)	757	1140	1200	MW
Potencia térmica de la planta cogeneradora (modo contrapresión)	931	878	923	MWt
Demanda pico cubierta por la planta cogeneradora	50%	50%	70%	
Pérdidas durante la demanda pico en invierno	6%	6%	6%	
Demanda durante la hora punta en el mes más frío[13]	8.7 26.2	8.7 26.2	6.1 18.5	kW/vivienda kW resto consumidores
Demanda de calefacción y agua caliente por unidad de superficie y año	185 250	160 215	70 95	kWh/m^2/año (viviendas) kWh/m^2/año (resto consumidores)
Demanda de frío por unidad de superficie y año	-	-	48	kWh/m^2/año
Consumidores[14]	115.1 28.4	108.5 27.1	115.0 29.0	Viviendas (miles) Resto consumidores (miles)
Demanda de calefacción y agua caliente anual	3691	3258	1411	GWh
Demanda de refrigeración anual	-	-	859	GWh

Para el análisis coste/beneficio se ha considerado que las pérdidas entre la planta cogeneradora y las cargas son del 9% a lo largo del año y que las pérdidas de distribución del calor durante la demanda pico en invierno es del 6% (esto es debido a que, aunque las pérdidas de calor son prácticamente constantes a lo largo del año, existe una mucha mayor cantidad de calor a ser transportado durante la demanda pico en invierno) (Jones, 2013, pp. 195-197) (Li y Svendsen, 2012, p. 242).

---

[10] Siguiendo el ratio de viviendas por habitante de otras ciudades alemanas (Encyclopaedia Britannica, 2008, p. 582), se ha estimado que el número de viviendas para Oldemburgo-Wilhelmshaven es de 130 000

[11] El número de viviendas de Bristol es de 184 000 (Department for Communities and Local Government, 2014)

[12] Según el último censo del INE, Región de Murcia dispone de 776 700 viviendas (INE, 2013, p. 3) para un total de 1 476 957 habitantes (INE, 2014), por lo que se ha estimado que el número de viviendas de la ciudad de Cartagena (217 641 habitantes) (INE, 2015) es de 115 000 y el número de empresas, 29 000

[13] Para estimar la demanda de calor, agua caliente y frío anual (así como durante la hora punta en el mes más frío) de los consumidores se ha hecho uso de diversas publicaciones que evalúan estos parámetros en ciudades con condiciones climatológicas asimilables a las aquí estudiadas (Zangheri et al., 2014, pp. 15, 19, 27, 28, 33, 35, 36, 47, 48, 53, 55, 56, 67, 69, 73-75, 79-83) (Biaou y Bernier, 2008, p. 656) (Van Dijk et al., 2004, pp. 13-15) (European Energy Agency, 2012) (Tacis, 1995, pp. 16, 17, 18, 22) (Manyes, 2013, p. 90) (Guarino et al., 2013, p. 2442) (Rees, 2012, p. 111) (IDOM, 2010, p. 6) (Department for Business Innovation & Skills, 2013, p. 3) (Smith, 1996, p. 17-17). Se ha considerado que la superficie de las viviendas es de 100 m^2 (McKinnon, et al., 2013, p. 38) y la del resto de edificaciones no residenciales (las cuales se han supuesto representan un 43% de las cargas de las ciudades estudiadas) (Menkveld, 2009, p. 11) de 220 m^2 (Economidou, 2011, p. 38)

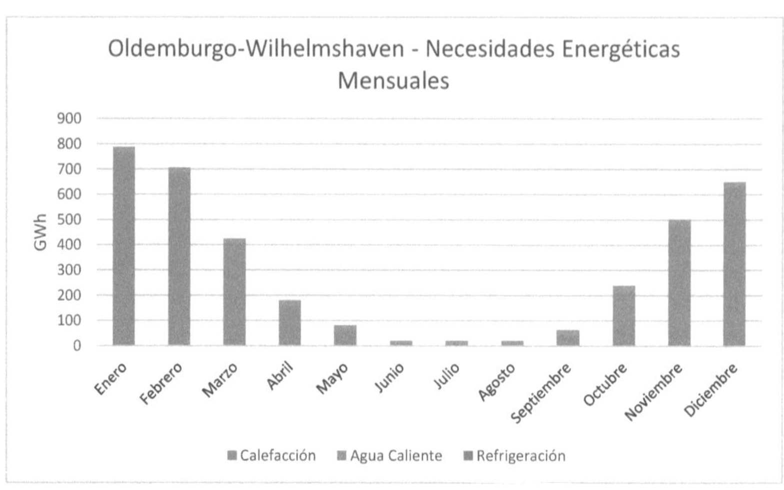

Ilustración 2. Demanda mensual de calor, agua caliente y frío en Oldemburgo-Wilhelmshaven

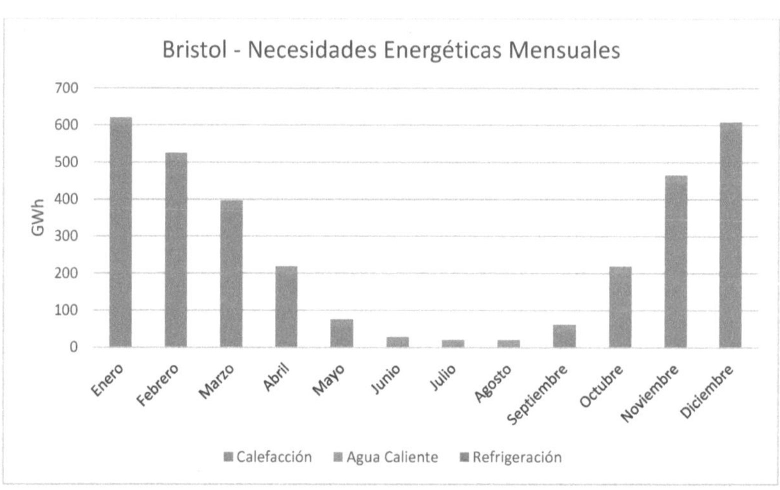

Ilustración 3. Demanda mensual de calor, agua caliente y frío en Bristol

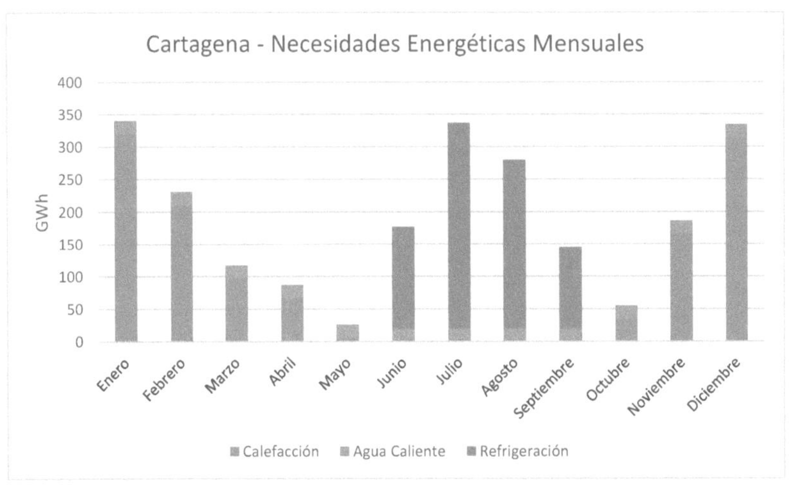

Ilustración 4. Demanda mensual de calor, agua caliente y frío en Cartagena

4. Resultados

En esta sección se presentarán los resultados para los casos de estudio de las ciudades seleccionadas. Teniéndose presente que la calefacción urbana fue considerada para todas las ciudades, la opción COGEN-a1 representará una central térmica convencional reconvertida en una planta cogeneradora a través de modificaciones o cambios de las turbinas; por su parte, COGEN-a2 representará un caso alternativo en el que se construya una central completamente nueva. Debido a que, en términos comparativos y con respecto a Cartagena, la demanda de refrigeración no es significativa para Oldemburgo-Wilhelmshaven y Bristol, sólo se han considerado otras alternativas a la refrigeración actual para Cartagena (casos COGEN-b y COGEN-c).

4.1   Oldemburgo-Wilhelmshaven

En Tabla 8 - 12 se presentan los costes anuales de suministrar calefacción, agua caliente y refrigeración (además de electricidad) a viviendas sitas en Oldemburbo-Wilhelmshaven a partir de una de las centrales térmicas de carbón existentes en Wilhelmshaven (E.ON) para los tres casos estudiados en la sección anterior.

Los resultados muestran que, como consecuencia de la introducción de redes de calefacción urbana, se conseguiría una reducción en el coste anualizado de unos 215 millones de euros. Si se comparan estos resultados con los obtenidos para Bristol, podrá apreciarse que, debido a la menor eficiencia eléctrica de la central térmica de carbón de Wilhelmshaven, su ahorro anualizado será mayor que para el caso de Bristol. Por su parte y en lo que respecta a la eficiencia global, ésta será similar tanto en las plantas cogeneradoras de carbón como en las de ciclo combinado (Laitner, 2011, p. 6), por lo que las ganancias totales de eficiencia serán mayores en Oldemburgo-Wilhelmshaven que en Bristol.

15

En caso de reconvertir la central térmica convencional de carbón de Wilhelmshaven en una planta cogeneradora y de implantar una red de calefacción urbana, se conseguiría un ahorro de energía primaria de 2.1 TWh. Como consecuencia de esto, se reducirían las emisiones de CO_2 en 1.05 millones de toneladas y la electricidad neta en 0.54 TWh; véase Tabla 11.

Tabla 8. Costes anualizados para el Caso Base de Oldemburgo-Wilhelmshaven a una tasa de descuento del 3.5%

					Costes anualizados			
	Potencia instalada	Número de unidades	Costes anuales	Coste de capital	Operación y mantenimiento fijo	Operación y mantenimiento variable	Costes de combustible	Ingresos electricidad
	MW	unidades	k€	k€	k€	k€	k€	k€
Central eléctrica existente	757	1	-9635	0	54 504	10 941[15]	152 160	227 240
Caldera a gas individual (viv.)	829	92 080	119 255	3670	2818	0	112 767	0
Caldera a gas individual (resto)	590	22 720	89 687	2612	2006	0	85 069	0
Calefacción eléctrica individual (viv.)	207	23 020	133 690	3954	4347	0	125 389	0
Calefacción eléctrica individual (resto)	150	5680	99 713	2865	3150	0	93 698	0
Aire acondicionado individual	0	0	0	0	0	0	0	0
	Costes totales anuales		432 710					

Tabla 9. Costes anualizados para el Caso COGEN-a1 de Oldemburgo-Wilhelmshaven a una tasa de descuento del 3.5%

					Costes anualizados			
	Potencia instalada	Número de unidades	Costes anuales	Coste de capital	Operación y mantenimiento fijo	Operación y mantenimiento variable	Costes de combustible	Ingresos electricidad
	MW	unidades	k€	k€	k€	k€	k€	k€
Conversión a planta cogeneradora	757	1	32 945	12 138	54 504	10 941	152 160	196 798
Tubería de transporte	1789		38 675	30 982	7693	0	0	0
Acumulador		1	349	349	0	0	0	0
Red de calefacción urbana (viv.)	1036	115 100	52 474	24 917	27 557	0	0	0
Red de calefacción urbana (resto)	753	28 400	26 177	6148	20 029	0	0	0
Sistema húmedo (viv.)	207	23 020	2109	2109	0	0	0	0
Sistema húmedo (resto)	150	5680	520	520	0	0	0	0
Caldera a gas centralizada	931		33 127	4302	2095	1396	25 334	0
Intercambiador de calor individual (viv.)	1036	115 100	47 876	41 660	6216	0	0	0
Intercambiador de calor individual (resto)	753	28 400	14 797	10 279	4518	0	0	0
Aire acondicionado individual	0	0	0	0	0	0	0	0
	Costes totales anuales		249 049					

---

[15] Se ha supuesto un coste variable de operación y mantenimiento de 2.5 €/MWh (Kehlhofer, et al., 2009, p. 24)

Tabla 10. Costes anualizados para el Caso COGEN-a2 de Oldemburgo-Wilhelmshaven a una tasa de descuento del 3.5%

	Potencia instalada	Número de unidades	Costes anuales	Coste de capital	Operación y mantenimiento fijo	Operación y mantenimiento variable	Costes de combustible	Ingresos electricidad
						Costes anualizados		
	MW	unidades	k€	k€	k€	k€	k€	k€
Nueva planta cogeneradora	757		75 432	54 625	54 504	10 941	152 160	196 798
Tubería de transporte	1789		38 675	30 982	7693	0	0	0
Acumulador		1	349	349	0	0	0	0
Red de calefacción urbana (viv.)	1036	115 100	52 474	24 917	27 557	0	0	0
Red de calefacción urbana (resto)	753	28 400	26 177	6148	20 029	0	0	0
Sistema húmedo (viv.)	207	23 020	2109	2109	0	0	0	0
Sistema húmedo (resto)	150	5680	520	520	0	0	0	0
Caldera a gas centralizada	931		33 127	4302	2095	1396	25 334	0
Intercambiador de calor individual (viv.)	1036	115 100	47 876	41 660	6216	0	0	0
Intercambiador de calor individual (resto)	753	28 400	15 884	10 279	4518	0	0	0
Aire acondicionado individual	0	0	0	0	0	0	0	0
Costes totales anuales			292 623					

Tabla 11. Resumen de los resultados obtenidos para Oldemburgo-Wilhelmshaven con una tasa de descuento del 3.5%

	Caso Base	COGEN – a1	COGEN – a2	Unidades
Costes anuales	432 710	249 049	292 623	k€
Calor anual	3691	3691	3691	GWh
Refrigeración anual	0	0	0	GWh
Dióxido de carbono neto	2570	1518	1518	kt
Energía primaria neta	5140	3035	3035	GWh
Electricidad neta	4026	3482	3482	GWh

Análisis de sensibilidad:

Para todos los casos estudiados y con el objeto de conocer su influencia en la rentabilidad, se llevó a cabo un análisis de sensibilidad para tres tasas de descuento distintas (3.5%, 5.5% y 7.5%). Aunque los resultados demuestran que la tasa de descuento tiene un considerable impacto en términos absolutos, véase Tabla 12, la reconversión o la construcción de una nueva planta cogeneradora con la necesaria infraestructura sigue siendo rentable incluso para tasas de descuento elevadas.

Tabla 12. Coste total del sistema para cada caso evaluado y tasas de descuentos empleadas en Oldemburgo Wilhelmshaven

Tasa de descuento, %	Caso Base, k€	COGEN – a1, k€	COGEN – a2, k€
3.5	509 810	294 589	338 163
5.5	512 011	342 228	403 053
7.5	513 802	367 755	448 296

4.2 Bristol

Se asume que la central térmica convencional de Bristol, con una potencia nominal de 1140 MW, genera antes de la reconversión 6.7 TWh de electricidad al año (Morbee, 2012, p. 7). Una vez la central es reconvertida en una planta cogeneradora, los ingresos debido a la venta de electricidad decrecerán levemente debido a que, para la misma cantidad de combustible empleado, la electricidad generada disminuye.

En Tabla 13 – 16 se muestran, para viviendas localizadas en Bristol, los costes anuales de suministrar calefacción, agua caliente y refrigeración a partir de la central térmica convencional existente (se muestra igualmente la electricidad generada por la misma) para tres casos diferentes – Caso Base, COGEN-a1 y COGEN-a2. Nótese que cuando se compara el Caso Base con COGEN-a1, los costes anualizados para la calefacción se reducen en 89 millones de euros debido a la implementación de la red de calefacción urbana. Si se construyera una nueva planta cogeneradora, los costes totales anualizados disminuirían en 54 millones de euros.

Como consecuencia de la introducción de redes de calefacción urbana de baja temperatura, se producirá un ahorro de energía primaria de 1.63 TWh y una reducción en las emisiones de CO_2 de 0.39 millones de toneladas.

Tabla 13. Costes anualizados para el Caso Base de Bristol a una tasa de descuento del 3.5%

					Costes anualizados			
	Potencia instalada	Número de unidades	Costes anuales	Coste de capital	Operación y mantenimiento fijo	Operación y mantenimiento variable	Costes de combustible	Ingresos electricidad
	MW	unidades	k€	k€	k€	k€	k€	k€
Central eléctrica existente	1140 (755+385)	2	-53 020	0	35 340	13 400[16]	280 140	381 900
Caldera a gas individual (viv.)	781	86 800	95 249	3458	2655	0	89 136	0
Caldera a gas individual (resto)	575	21 680	71 656	2456	1955	0	67 245	0
Calefacción eléctrica individual[17] (viv.)	195	21 700	78 759	3725	4095	0	70 939	0
Calefacción eléctrica individual (resto)	144	5420	59 291	2751	3024	0	53 516	0
Aire acondicionado individual	0	0	0	0	0	0	0	0
	Costes totales anuales		251 935					

---

[16] Se ha supuesto un coste de operación y mantenimiento variable de 2 €/MWh (Kehlhofer, et al., 2009, p. 24)

[17] Para el Caso Base se ha supuesto que el 20% de los usuarios utilizan calefacción eléctrica individual (Kemna et al., 2007, p. 58)

Tabla 14. Costes anualizados para el Caso COGEN-a1 de Bristol a una tasa de descuento del 3.5%

					Costes anualizados			
	Potencia instalada	Número de unidades	Costes anuales	Coste de capital	Operación y mantenimiento fijo	Operación y mantenimiento variable	Costes de combustible	Ingresos electricidad
	MW	unidades	k€	k€	k€	k€	k€	k€
Conversión a planta cogeneradora	1140 (755+385)	2	-5840	9140	35 340	13 400	280 140	343 860
Tubería de transporte	1695		12 158	9785	2373	0	0	0
Acumulador		1	349	349	0	0	0	0
Red de calefacción urbana (viv.)	977	108 500	49 476	23 488	25 988	0	0	0
Red de calefacción urbana (resto)	718	27 100	24 965	5867	19 098	0	0	0
Sistema húmedo (viv.)	195	21 700	1988	1988	0	0	0	0
Sistema húmedo (resto)	144	5420	497	497	0	0	0	0
Caldera a gas centralizada	878		31 821	4057	1989	1303	24 472	0
Intercambiador de calor individual (viv.)	977	108 500	45 133	39 271	5862	0	0	0
Intercambiador de calor individual (resto)	718	27 100	14 116	9808	4308	0	0	0
Aire acondicionado individual	0	0	0	0	0	0	0	0
	Costes totales anuales		174 663					

Tabla 15. Costes anualizados para el Caso COGEN-a2 de Bristol a una tasa de descuento del 3.5%

					Costes anualizados			
	Potencia instalada	Número de unidades	Costes anuales	Coste de capital	Operación y mantenimiento fijo	Operación y mantenimiento variable	Costes de combustible	Ingresos electricidad
	MW	unidades	k€	k€	k€	k€	k€	k€
Nueva planta cogeneradora	1140		20 438	35 418	35 340	13 400	280 140	343 860
Tubería de transporte	1695		12 158	9785	2373	0	0	0
Acumulador		1	349	349	0	0	0	0
Red de calefacción urbana (viv.)	977	108 500	49 476	23 488	25 988	0	0	0
Red de calefacción urbana (resto)	718	27 100	24 965	5867	19 098	0	0	0
Sistema húmedo (viv.)	195	21 700	1988	1988	0	0	0	0
Sistema húmedo (resto)	144	5420	497	497	0	0	0	0
Caldera a gas centralizada	878		31 821	4057	1989	1303	24 472	0
Intercambiador de calor individual (viv.)	977	108 500	45 133	39 271	5862	0	0	0
Intercambiador de calor individual (resto)	718	27 100	14 116	9808	4308	0	0	0
Aire acondicionado individual	0	0	0	0	0	0	0	0
	Costes totales anuales		209 941					

Tabla 16. Resumen de los resultados obtenidos para Bristol

	Caso Base	COGEN – a1	COGEN – a2	Unidades
Costes anuales	251 935	174 663	209 941	k€
Calor anual	3258	3258	3258	GWh
Refrigeración anual	0	0	0	GWh
Dióxido de carbono neto[18]	1315	925	925	kt
Energía primaria neta	5480	3853	3853	GWh
Electricidad neta[19]	6155	5634	5634	GWh

---

[18] Se ha supuesto un coste promedio de 30€ por tonelada de dióxido de carbono emitido (Turner, 2009, p. 68)

[19] Véase (Manicuta, 2010, p. 6)

Análisis de sensibilidad:

Con el objeto de conocer su influencia en el resultado, se llevó a cabo un análisis de sensibilidad utilizando tres tasas de descuento distintas (3.5%, 5.5% y 7.5%) para todos los casos estudiados. Tal y como se puede apreciar en Tabla 17, existe un impacto significativo en términos absolutos. Reconvertir una central térmica convencional en una planta cogeneradora resultó ser rentable para todas las tasas de descuento estudiadas; por su parte, construir una nueva planta cogeneradora sólo sería rentable si se emplearan tasas de descuento del 3.5% y 5.5%.

Tabla 17. Coste total del sistema para cada caso evaluado y tasas de descuentos empleadas en Bristol

Tasa de descuento, %	Caso Base, k€	COGEN – a1, k€	COGEN – a2, k€
3.5	291 385	202 463	237 691
5.5	293 222	238 066	275 630
7.5	295 161	276 960	326 772

4.3 Cartagena

En Tabla 18 – 23 se presentan para viviendas localizadas en Cartagena, los costes anuales de suministrar calefacción, agua caliente y refrigeración (además de electricidad) a partir de una de las centrales térmicas existentes en Cartagena (Central de El Fangal).

En el caso base (Tabla 18) se han calculado los costes de suministrar calefacción y refrigeración a Cartagena para la situación actual, habiéndose tenido en cuenta para ello el coste de los distintos elementos presentes y los ingresos procedentes de la electricidad vendida.

Para el caso COGEN-a1 se calcularon los costes anuales de suministrar calefacción y refrigeración a la ciudad de Cartagena suponiendo la utilización de redes de calefacción urbana de baja temperatura. Después de la evaluación, se concluyó que, en caso de emplear esta tecnología, las pérdidas anuales serían de 3 millones de euros. Si se construyera una nueva planta cogeneradora (COGEN-a2), los costes anualizados de suministrar calefacción y refrigeración aumentarían en 31 millones de euros, véase Tabla 20.

El caso COGEN-b calculó los costes anuales de calefacción y refrigeración para Cartagena suponiendo el empleo de redes de calefacción urbana y unidades de refrigeración por absorción (en este caso la refrigeración se consigue proporcionando calor a unidades de refrigeración por absorción a través de la red de calefacción urbana), véase Tabla 21. El ahorro anualizado de calefacción y refrigeración es de 191.5 millones de euros.

El caso COGEN-c calculó los costes anuales de calefacción y refrigeración en Cartagena en el supuesto de utilizar redes de calefacción urbana y refrigeración centralizada, véase Tabla 22. La refrigeración individual se consiguió a través del aporte de calor a unidades de absorción centralizada, las cuales a su vez proporcionan frío a una red de refrigeración urbana. El ahorro total anualizado para calefacción y refrigeración fue de 135 millones de euros.

En caso de reconvertir la central térmica de El Fangal en una planta cogeneradora y de utilizar una red de calefacción y refrigeración urbana (COGEN-c), se conseguiría un ahorro de energía de 1.3 TWh. Como consecuencia, las emisiones de CO_2 se verían reducidas en 0.32 millones de toneladas y la electricidad neta disminuiría en unos 0.82 TWh, véase Tabla 23.

Tabla 18. Costes anualizados para el Caso Base de Cartagena a una tasa de descuento del 3.5%

| | | | | | | | Costes anualizados | |
	Potencia instalada	Número de unidades	Costes anuales	Coste de capital	Operación y mantenimiento fijo	Operación y mantenimiento variable	Costes de combustible	Ingresos electricidad
	MW	unidades	k€	k€	k€	k€	k€	k€
Central eléctrica existente	1200 (3*400)	3	-300	0	37 200	14 100	307 440	359 040
Calefacción eléctrica individual (viv.)	150	23 000	42 207	2865	3150	0	36 192	0
Calefacción eléctrica individual (resto)	110	5800	31 714	2101	2310	0	27 303	0
Caldera a gas individual (viv.)	598	92 000	59 371	2648	2033	0	54 690	0
Caldera a gas individual (resto)	441	23 200	44 708	1952	1499	0	41 257	0
Aire acondicionado individual (viv.)[20]	190	54 050	139 329	9205	3496	0	126 628	0
Aire acondicionado individual (resto)	100	13 630	73 331	4845	1840	0	66 646	0
Costes totales anuales			390 360					

Tabla 19. Costes anualizados para el Caso COGEN-a1 de Cartagena a una tasa de descuento del 3.5%

| | | | | | | | Costes anualizados | |
	Potencia instalada	Número de unidades	Costes anuales	Coste de capital	Operación y mantenimiento fijo	Operación y mantenimiento variable	Costes de combustible	Ingresos electricidad
	MW	unidades	k€	k€	k€	k€	k€	k€
Conversión a planta cogeneradora	1200	3	38 630	9621	37 200	14 100[21]	307 440	328 804
Tubería de transporte	1299		9317	7499	1818	0	0	0
Acumulador		1	349	349	0	0	0	0
Red de calefacción urbana (viv.)	748	115 000	44 791	24 895	19 896	0	0	0
Red de calefacción urbana (resto)	551	29 000	20 934	6278	14 656	0	0	0
Sistema húmedo (viv.)	150	23 000	2107	2107	0	0	0	0
Sistema húmedo (resto)	110	5800	531	531	0	0	0	0
Caldera a gas centralizada	396		8067	1830	891	594	4752	0
Intercambiador de calor individual (viv.)	748	115 000	46 112	41 624	4488	0	0	0
Intercambiador de calor individual (resto)	551	29 000	13 803	10 497	3306	0	0	0
Aire acondicionado individual (viv.)	190	54 050	139 329	9205	3496	0	126 628	0
Aire acondicionado individual (resto)	100	13 630	73 331	4845	1840	0	66 646	0
Costes totales anuales			397 301					

---

[20] Se ha considerado que, para la ciudad de Cartagena, la penetración de equipos de aire acondicionado es de un 47% (Holley, 2014, p. 13), siendo la potencia nominal de los mismos de 3.2 kW para las viviendas y de 7 kW para el resto de consumidores (Emerson Network Power, 2010, p. 5)

[21] Se ha supuesto un coste variable de operación y mantenimiento de 2 €/MWh (Kehlhofer, et al., 2009, p. 24)

Tabla 20. Costes anualizados para el Caso COGEN-a2 de Cartagena a una tasa de descuento del 3.5%

					Costes anualizados			
	Potencia instalada	Número de unidades	Costes anuales	Coste de capital	Operación y mantenimiento fijo	Operación y mantenimiento variable	Costes de combustible	Ingresos electricidad
	MW	unidades	k€	k€	k€	k€	k€	k€
Nueva planta cogeneradora	1200		67 218	37 282	37 200	14 100	307 440	328 804
Tubería de transporte	1299		9317	7499	1818	0	0	0
Acumulador		1	349	349	0	0	0	0
Red de calefacción urbana (viv.)	748	115 000	44 791	24 895	19 896	0	0	0
Red de calefacción urbana (resto)	551	29 000	20 934	6278	14 656	0	0	0
Sistema húmedo (viv.)	150	23 000	2107	2107	0	0	0	0
Sistema húmedo (resto)	110	5800	531	531	0	0	0	0
Caldera a gas centralizada	396		8067	1830	891	594	4752	0
Intercambiador de calor individual (viv.)	748	115 000	46 112	41 624	4488	0	0	0
Intercambiador de calor individual (resto)	551	29 000	13 803	10 497	3306	0	0	0
Aire acondicionado individual (viv.)	190	54 050	139 329	9205	3496	0	126 628	0
Aire acondicionado individual (resto)	100	13 630	73 331	4845	1840	0	66 646	0
Costes totales anuales			425 889					

Tabla 21. Costes anualizados para el Caso COGEN-b de Cartagena a una tasa de descuento del 3.5%

					Costes anualizados			
	Potencia instalada	Número de unidades	Costes anuales	Coste de capital	Operación y mantenimiento fijo	Operación y mantenimiento variable	Costes de combustible	Ingresos electricidad
	MW	unidades	k€	k€	k€	k€	k€	k€
Conversión a planta cogeneradora	1200	3	38 630	9621	37 200	14 100[22]	307 440	328 804
Tubería de transporte	1589		11 398	9173	2225	0	0	0
Acumulador		1	349	349	0	0	0	0
Red de calefacción urbana (viv.)	921	115 000	48 994	24 495	24 499	0	0	0
Red de calefacción urbana (resto)	646	29 000	22 855	5672	17 183	0	0	0
Sistema húmedo (viv.)	150	23 000	1404	1404	0	0	0	0
Sistema húmedo (resto)	110	5800	354	354	0	0	0	0
Caldera a gas centralizada	396		11 451	1830	891	594	8136	0
Unidad de absorción individual (viv.)	190	115 000	8505	8182	323	0	0	0
Unidad de absorción individual (resto)	100	29 000	4477	4307	170	0	0	0
Intercambiador de calor individual (viv.)	748	115 000	46 112	41 624	4488	0	0	0
Intercambiador de calor individual (resto)	551	29 000	13 803	10 497	3306	0	0	0
Costes totales anuales			208 332					

---

[22] Se ha supuesto un coste variable de operación y mantenimiento de 2 €/MWh (Kehlhofer, et al., 2009, p. 24)

Tabla 22. Costes anualizados para el Caso COGEN-c de Cartagena a una tasa de descuento del 3.5%

					Costes anualizados			
	Potencia instalada	Número de unidades	Costes anuales	Coste de capital	Operación y mantenimiento fijo	Operación y mantenimiento variable	Costes de combustible	Ingresos electricidad
	MW	unidades	k€	k€	k€	k€	k€	k€
Conversión a planta cogeneradora	1200	3	38 630	9621	37 200	14 100	307 440	328 804
Tubería de transporte	1299		9317	7499	1818	0	0	0
Acumulador		1	349	349	0	0	0	0
Red de calefacción urbana (viv.)	748	115 000	44 391	24 495	19 896	0	0	0
Red de calefacción urbana (resto)	551	29 000	20 328	5672	14 656	0	0	0
Red de refrigeración urbana (viv.)	190	115 000	29 949	24 895	5054	0	0	0
Red de refrigeración urbana (resto)	100	29 000	8938	6278	2660	0	0	0
Sistema húmedo (viv.)	150	23 000	2107	2107	0	0	0	0
Sistema húmedo (resto)	110	5800	531	531	0	0	0	0
Caldera a gas centralizada	396		11 451	1830	891	594	8136	0
Unidad de absorción centralizada	369		17 564	1183	1180	4331	10 870[23]	0
Intercambiador de calor individual (viv.)	748	115 000	46 112	41 624	4488	0	0	0
Intercambiador de calor individual (resto)	551	29 000	13 803	10 497	3306	0	0	0
Ventiloconvector individual (viv.)	190	115 000	14 126	826	13 300	0	0	0
Ventiloconvector individual (resto)	100	29 000	7435	435	7000	0	0	0
	Costes totales anuales		265 031					

Tabla 23. Resumen de los resultados obtenidos para Cartagena con una tasa de descuento del 3.5%

	Caso Base	COGEN – a1	COGEN – a2	COGEN - b	COGEN - c	Unidades
Costes anuales	390 360	397 301	425 889	208 332	265 031	k€
Calor anual	1411	1411	1411	1411	1411	GWh
Refrigeración anual	859	859	859	859	859	GWh
Dióxido de carbono neto	1384	1237	1237	1064	1064	kt
Energía primaria neta	5770	5153	5153	4435	4435	GWh
Electricidad neta	6746	5931	5931	5931	5931	GWh

Análisis de sensibilidad:

Para todos los casos estudiados y con el objeto de conocer su influencia en la rentabilidad, se llevó a cabo un análisis de sensibilidad para tres tasas de descuento distintas (3.5%, 5.5% y 7.5%).

En términos absolutos, los resultados muestran un gran impacto debido a la variación de la tasa de descuento, véase Tabla 24. Se puede apreciar que para todas las tasas de descuento utilizadas, las opciones (COGEN-b-c) son más rentables que el caso base; por el contrario, independientemente de la tasa de descuento empleada, no es rentable reconvertir la central termoeléctrica existente ni construir una nueva planta cogeneradora utilizando las opciones (COGEN-a1-a2).

---

[23] Véase (Matsushuta et al., 2002, pp. 73-78)

Tabla 24. Coste total del sistema para cada caso evaluado y tasas de descuentos empleadas en Cartagena

Tasa de descuento, %	Caso Base, k€	COGEN – a1, k€	COGEN – a2, k€	COGEN – b, k€	COGEN – c, k€
3.5	431 880	434 411	462 999	240 250	296 951
5.5	435 381	473 324	512 866	283 625	349 030
7.5	439 076	514 716	567 150	333 155	375 742

5. Discusión y Conclusiones

De la evaluación del coste de tres esquemas de calefacción urbana que representan respectivamente condiciones climatológicas típicas del norte, centro y sur de Europa (Oldemburgo-Wilhelmshaven, Bristol y Cartagena), se han podido apreciar los potenciales ahorros para la sociedad resultantes tanto de reconvertir las centrales térmicas convencionales existentes en plantas cogeneradoras como de invertir en una infraestructura de calefacción y refrigeración urbana de baja temperatura (esta última sólo factible para las condiciones climatológicas del sur de Europa).

El método implementado (que considera como elementos principales la central eléctrica y la energía necesaria para proporcionar agua caliente, calefacción y refrigeración a un número específico de cargas) y en el que se sustenta el análisis económico llevado a cabo para tres ciudades de la UE-28 con condiciones climatológicas distintas, constituye en sí mismo un elemento valioso ya que, sin necesidad de software específico y a través de cálculos simples e inmediatos, permite evaluar los posibles beneficios de reconvertir las centrales térmicas existentes en plantas cogeneradoras con una infraestructura de redes de calefacción (y, en el caso de Cartagena también de refrigeración) urbana asociada, siendo por tanto especialmente indicado para estudios con propósitos análogos.

Los casos de estudio muestran que la introducción de calefacción urbana en Oldemburgo-Wilhelmshaven, Bristol y Cartagena reduciría las emisiones de CO_2 en un 41%, 30% y 23% respectivamente, siendo los ahorros de energía primaria neta obtenidos similares. En lo que a la electricidad neta se refiere, se muestra que, después de reconvertir las centrales térmicas en plantas cogeneradoras, se produce una reducción entre un 8.5% y un 13.5% para todas las centrales eléctricas evaluadas.

Los ahorros resultantes de reconvertir una central térmica convencional en una planta cogeneradora son mayores en Oldemburgo-Wilhelmshaven, la localización con el clima más frío (y por tanto con el período de calefacción más largo). Este mayor ahorro se debe también al hecho de que, a diferencia de las centrales de ciclo combinado de Bristol y Cartagena, la planta de Wilhelmshaven es una central térmica de carbón, por lo que su eficiencia eléctrica es inferior, y su mejora en la eficiencia global cuando se reconvierta a planta cogeneradora, mayor.

De la evaluación de los resultados se pueden sacar conclusiones e implicaciones para la política energética de la UE-28 de capital importancia. Por un lado, y para el caso de Oldemburgo-Wilhelmshaven, se ha demostrado que aun teniendo que ser transportado el calor a grandes distancias (más de 60 km) a través de tuberías de transporte, de la implantación conjunta de plantas cogeneradoras y de redes de calefacción urbana pueden conseguirse grandes ahorros y beneficios desde el punto de vista económico y medioambiental. Debe tenerse en cuenta que al ser las redes de calefacción urbana del tipo de baja temperatura y el calor a transportar considerable, las pérdidas de distribución resultantes han sido menores, lo cual ha sido determinante en la factibilidad de todos los esquemas de calefacción urbana.

Igualmente llamativo es el caso de la central sita en Bristol. El Reino Unido, debido a su densidad poblacional y condiciones climatológicas presenta un gran potencial para la implantación de redes de calefacción urbana; sin embargo y si se exceptúan los países del sur de Europa, su difusión es la menor de toda la UE-28. De la evaluación del caso para la central de Seabank, se pudieron comprobar, al igual que para el caso de la central de Wilhelmshaven, los grandes beneficios económicos y medioambientales resultantes de la implantación de plantas cogeneradoras y redes de calefacción urbana de baja temperatura.

Por su parte, y para el caso de la central de El Fangal (Cartagena), pudo comprobarse que si bien es cierto que la utilización de redes de calefacción urbana no es adecuada para las condiciones climatológicas de Cartagena, no menos lo es el hecho que, en caso de emplearse conjuntamente redes de calefacción y unidades de refrigeración por absorción o redes de calefacción y refrigeración urbana, los beneficios económicos y medioambientales estarían al nivel de otras ciudades localizadas en climas mucho más fríos, lo cual da a este caso una especial relevancia.

De la evaluación realizada se desprende que, en caso de decidir reconvertir las centrales térmicas convencionales estudiadas en plantas cogeneradoras, invertir en las infraestructuras asociadas necesarias, y asumir una tasa de descuento del 3.5%, el coste total anualizado de las centrales sitas en Oldemburgo-Wilhelmshaven, Bristol y Cartagena disminuirá en 215, 89 y 192 millones de euros respectivamente, lo que convierte a esta tecnología en una opción altamente atractiva desde una perspectiva energética, económica y ambiental. Se concluyó que, en caso de utilizar una tasa de descuento distinta al 3,5% propuesta por la Dirección General de Política Regional y Urbana de la UE, la factibilidad de los proyectos que entrañen la utilización conjunta de plantas cogeneradoras y redes de calefacción urbana se verá altamente mermada, siendo el mantenimiento de la tasa de descuento antedicha capital si los Estados Miembros desean tener la energía segura, limpia y eficiente promulgada por una de las tres prioridades (en concreto, por los Retos de la Sociedad) del Horizonte 2020 de la UE-28.

6. Referencias

AECOM, 2012. Smart City - Intelligent energy integration for London's decentralised energy projects. Greater London Authority, London. 96 p.

Akkaya, B. M., et al., 2013. Modeling and analysis of a district heating system containing thermal storage: Case study of the district heating of Borås. Chalmers University of Technology, Göteborg. 49 p.

Amiri, S., 2013. Economic and Environmental Benefits of CHP-based District Heating Systems in Sweden. Linköping Institute of Technology, Linköping. ISBN: 978-91-7519-604-6. 108 p.

Anderson, D., 2007. Electricity generation costs and investment decisions: a review. Imperial College Centre for Energy Policy and Technology, London. 29 p.

Ånestad, A., 2014. Net electricity load profiles of zero emission buildings: a cost optimization investment model for investigating zero balances, operational strategies and grid restrictions. Norwegian University of Science and Technology, Trondheim. 199 p.

Atkins Ltd, 2013. Revolving Green Fund 3 Application assessments and outcomes. HEFCE, Bristol. 26 p.

Auken, S., 1999. Combined Heat and Power in Denmark. Ministry of Environment and Energy, Copenhagen. Accessed at <http://www.statensnet.dk/pligtarkiv/fremvis.pl?vaerkid=329&reprid=0&filid=3&iarkiv=1> on November 30, 2014.

Bauer, N., et al., 2012. Innovation priorities for UK bioenergy: technological expectations within path dependence. Proceedings of the National Academy of Sciences, 109(42), 16805-16810.

Beer, M., et al., 2012. Flexible operation of cogeneration plants - chances for the integration of renewables. The Research Center for Energy Economics, Munich. 11 p.

Biaou, A., Bernier, M., 2008. Achieving total domestic hot water production with renewable energy. Building and Environment, 43(4), 651-660.

Blyth, W., 2010. The Economics of Transition in the Power Sector. International Energy Agency, Paris. 34 p.

Brage, A., 2010. District heating form biomass in Borensberg. Swedish Environmental Protection Agency, Stockholm. 2 p. ISBN 978-91-620-8596-4.

Breeze, P., 2010. The cost of power generation: The current and future competitiveness of renewable and traditional technologies. Business Insights, Warwick. 147 p.

Bureau of Resources and Energy, 2013. Economics Australian Energy Technology Assessment 2013 Model Update. Commonwealth of Australia, Canberra. 72 p. ISBN 978 1 925092 14 1.

Burke, A., 2003. Cartagena: Spain's largest independent power plant. Infrastructure journal and project finance magazine (December 2003). pp. 50-53.

Calixto, E., 2006. CENPES II project reliability analysis: Safety and reliability for managing risk. European Safety and Reliability Conference 2006, Estoril. pp. 2461-2468.

Cambridge Economic Policy Associates and Ricardo – AEA, 2013. Development of phase II of the Northern Ireland Renewable Heat Incentive. Department of Enterprise, Trade and Investment, Belfast. 131 p.

Capital Cooling, 2014. District cooling and the customers' alternative cost: Work package 2. Renewable smart cooling for urban Europe, Dresden. 42 p.

Capros, P., et al., 2014. EU Energy, transport and GHG emissions - Trends to 2050: reference scenario 2013. Luxembourg, European Union. 17 2p. ISBN 978-92-79-33728-4.

Connolly, D., et al., 2013. Heat roadmap Europe 2050. Second Pre-Study for the EU27. Aalborg: Aalborg University. 236 p. ISBN 978-87-91404-48-1.

Dalla Rosa, A., et al., 2012. District heating (DH) network design and operation toward a system-wide methodology for optimizing renewable energy solutions (SMORES) in Canada: A case study. Energy, 45 (1), 960-974.

Dalla Rosa, A. y Christensen, J.E., 2011. Low-energy district heating in energy-efficient building areas. Energy, 36(12), 6890-6899.

Dalla Rosa, A., 2014. Toward 4th generation district heating: experience and potential of low-temperature district heating – Annex X final report. IEA, Paris. 205 p.

Danfoss A/S, 2008. The Heating Book - 8 steps to control of heating systems. Danfoss A/S, Nordborg. 185 p.

Davison, J., 2011. Retrofitting CO_2 capture to existing power plants: Report 2011/02. IEAGHC, Cheltenham. 164 p.

Department for Communities and Local Government, 2014. Number of households, 2008 mid-year estimate, Bristol, City of UA. Accessed at http://opendatacommunities.org/showcase/dashboard/local_authorities/unitary-authority/bristol on December 5, 2014.

Department of Energy & Climate Change, 2012. European energy efficiency: Analysis of ODYSSEE indicators. Department of Energy & Climate Change, London. 22 p.

Department for Business Innovation & Skills, 2013. Business population estimates for the UK and regions 2013. Department for Business Innovation & Skills, London.19 p.

Dimian, A. C., et al., 2013. Integrated desing and simulation of chemical processes. Elsevier, Radarweg. 886 p. ISBN 978-0-444-62700-1.

Dinçer, I., Zamfirescu, C., 2011. Sustainable energy systems and applications. New York, Springer. 816 p. ISBN 978-0-387-95860-6.

Directorate General Regional Policy, 2008. Guide to cost benefit analysis of investment projects. European Commission, Brussels. 259 p.

DNV Climate Change Services, 2010. Third Party Assessment of the Comprehensive Refurbishment of the Prunéřov II Power Plant. Ministry of the Environment of the Czech Republic, Prague. 119 p.

Dotzauer, E., 2003. Experiences in mid-term planning of district heating systems. Energy, 28(15), 1545-1555.

Economic Regulation Authority, 2004. Floor and ceiling costs to apply to the public transport authority. Government of Western Australia, Perth. 36 p.

Economidou, M., 2011. Europe's building under the microscope: A country-by-country review of the energy performance of buildings. Buildings Performance Institute Europe, Brussels. 132 p. ISBN 9789491143014.

Edwards Valance, 2008. Valance Vs. fan coils units. Chiller Solutions LLC, Pompton Plains. 4 p.

Egenhofer, C., et al., 2006. Revisiting EU policy options for tackling climate change: a social cost-benefit analysis of GHC emissions reduction strategies. Centre for European Policy Studies, Brussels. 164 p. ISBN 978-92-9079-631-2.

Eggen, G., Vangsnes, G., 2004. Heat pump for district cooling and heating at Oslo Airport, Gardermoen. Sintef, Trondheim. 7 p.

Ehrig, R., et al., 2011. Operating figures, quality parameters and investment costs for district heating systems. Bioenergy 2020+, Wieselburg-Land. 12 p.

Element Energy Limited and AEA Group, 2012. 2050 options for decarbonising heat in buildings: Committee on Climate Change – Final report. Element Energy Limited, Cambridge. 150 p.

Emerson Network Power, 2010. Data center precision cooling: the need for a higher level of service expertise. Emerson Network Power, Westerville. 8 p.

Encyclopaedia Britannica, 2008. Britannica book of the year (2008). Encyclopaedia Britannica Inc., Chicago. 880 p. ISBN 9781593394943.

Energinet, 2012. Technology data for energy plants: Generation of electricity and district heating, energy storage and energy carrier generation and conversion. Energinet, Erritsø. 212 p. ISBN: 978-87-7844-931-3.

Energy Saving Trust, 2008. The applicability of district heating for new dwellings. Energy Saving Trust, London. 35 p.

E.ON, 2009. Kraftwerk Wilhelmshaven. E.ON, Düsseldorf. 10 p.

Eurelectric, 2003. Efficiency in electricity generation. Union of the Electricity Industry, Brussels. 30 p.

Euroheat & Power, 2011. District heating in buildings. Euroheat & Power, Brussels. 28 p.

European Commission, 2010. How to develop a Sustainable Energy Action Plan (SEAP) – Guidebook. Publications office of the European Union, Luxembourg. 40 p.

European Energy Agency, 2012. Energy efficiency and energy consumption in the household sector (ENER 022) - Assessment published Apr 2012. European Energy Agency, Copenhague. Accessed at <http://www.eea.europa.eu/data-and-maps/indicators/energy-efficiency-and-energy-consumption-5/assessment> on January 5, 2014.

European Union, 2015. Electricity prices for domestic consumers, from 2007 onwards – bi-annual data. Accessed at < http://appsso.eurostat.ec.europa.eu/nui/show.do?dataset =nrg_pc_204&lang=en> on January 12, 2014.

Eurostat, 2014. Gas prices for industrial consumers, from 2007 onwards – bi-annual data. Eurostat, Luxembourg. Accessed at <http://appsso.eurostat.ec.europa.eu/nui/ submitViewTableAction.do> on January 10, 2015.

Florio, M., et al., 2008. Guide to cost-benefit analysis of investment projects: Structural funds, cohesion fund and instrument for pre-accession. European Commission, Brussels. 257 p.

Friis-Jensen, E., 2010. Modeling of the combined heat and power system of greater Copenhagen. Technical University of Denmark, Kongens Lyngby. 204 p.

Gadd, H., Werner, S., 2014. Achieving low return temperatures from district heating substations. Applied Energy, 136, 59-67.

Gargiulo, M., 2009. Getting started with TIMES-VEDA: Version 2.7. IEA – Energy Technology Systems Analysis Programme, Paris 145 p.

Gil, S., et al., 2010. The role of electric heating and district heating networks in the integration of wind energy to island networks. International Journal of Distributed Energy Resources, 7(3), 245-263.

Goodheart, K. A., 2000. Low firing temperature absorption chiller system. University of Wisconsin, Madison. 182 p.

Guarino, F., et al., 2013. Modeling of Spanish household electrical consumptions: simplified and detailed stochastic approach in TRNSYS environment. 13th Conference of International Building Performance Simulation Association, Chambéry. pp. 2436-2443.

Gustavsson, L. y Karlsson, Å., 2003. Heating detached houses in urban areas. Energy, 28(8), 851-875.

Harvey, D., 2006. A Handbook on Low-Energy Buildings and District-Energy Systems: Fundamentals, Techniques and Examples. Taylor & Francis, New York. 720 p. ISBN 978 184407 243 9.

Harvey, D.A., 2006. Clean building: contribution from cogeneration, trigeneration and district energy. Cogeneration and on-site power production (September-October 2006), Waltham Abbey. pp. 107-115.

Herold, K.E., et al., 1996. Absorption chillers and heat pumps. CRC Press, Boca Ratón. ISBN 0 8493 9427 9. 330 p.

Hill, N., et al., 2013. 2013 Government GHC Conversion Factors for company reporting: Methodology paper for emission factors. Department for Environment Food & Rural Affairs, London. 111 p.

Holley, A.M., 2014. Global trends in air conditioning. BSRIA Ltd., Bracknell. 22 p.

Holmberg, J., 2009. Our dream – a city free from fossil fuels: production of district heating, district cooling, electricity and biogas. Borås Energi och Miljö, Borås. 10 p.

House of Lords, 2005. Energy Efficiency – Volume II: Evidence (2nd report of Session 2005-06). House of Lords, London. 347 p. ISBN 0 10 400724 9.

IAEA, 2002. Comparative studies of energy supply options in Poland for 1997–2020. International Atomic Energy Agency, Vienna. 134 p.

IDOM, 2010. Análisis de conteto de la Región de Murcia (Multisectorial): Gestión de contenidos "Foros de Innovación" – Programa InnoCámaras. InnoCámaras, Murcia. 16 p.

IEA, 2012. Electricity information 2012. OECD/IEA, Paris. 883 p. ISBN 978 92 64 17468 9.

IEA, 2005. Energy Statistics Manual. OECD/IEA, Paris. 196 p.

IEA, 2003. World Energy Investment Outlook: 2003 Insights. OECD, Paris. 511 p.

INE, 2013. Censos de población y viviendas 2011: Edificios y viviendas. Instituto Nacional de Estadística, Madrid. 35 p.

INE, 2014. Banco de series temporales. Accessed at <http://www.ine.es/consul/serie.do ?d=true&s=EPOB23940&nult=15> on December 4, 2014.

INE, 2015. Nomenclátor: Población del Padrón Continuo por Unidad Poblacional. Accessed at <http://www.ine.es/nomen2/index.do?accion=busquedaAvanzada&entidad _amb=no&codProv=30&codMuni=016&codES=0&codNUC=&L=&ano=2011> on January 2, 2015.

International Energy Agency, 2012. IEA statistics: Coal information 2012. IEA, Paris. 565 p. ISBN 978-92-64-17470-2.

Jones, C., 2013. Utilising Nuclear Energy for Low Carbon Heating Services in the UK. University of Manchester, Manchester. 291 p.

Jonshagen, K., et al., 2011. Post-Combustion CO2 Capture for Combined Cycles Utilizing Hot-Water Absorbent Regeneration. Proceedings of ASME Turbo Expo 2011: June 6-10, Vancouver. 9 p.

Jožef Stefan Institute, 2009. Methodology for determining the reference costs for high-efficiency cogeneration. Republic of Slovenia, Ministry of the Economy, Ljubljana. 58 p.

Kalkumn, B., 2009. Improvement of district heating in Kosovo: Final report. Energy & Utility Consulting, Heidelberg. 136 p.

Kaan, H., 2008. District heating systems with low losses. Demohouse, Petten. 3 p.

Kankaro, B., 2013. Smart district heating from Finland: The coldest country in Europe, the best country of district heating. Cleantech Finland, Helsinki. 12 p.

Kehlhofer, R., et al., 2009. Combined-Cycle gas & steam turbine power plants – 3rd ed. PennWell Corporation, Tulsa. 430 p. ISBN 978-1-59370-168-0.

Keil, C., 2008. Customized absorption heat pumps for utilization of low-grade heat sources. Bavarian Center for Applied Energy Research, Garching. 6 p.

Kemna, R., et al., 2007. Eco-design of boilers: Task 3 report (Final) – Consumer behabiour & local infrastructure. Van Holsteijn en Kemna BV, Delft. 174 p.

Kjær Petersen, M., et al., 2004. Heat accumulators: News from DBDH 1/2004. Energi E2, Copenhagen. 4 p.

Kopuničová, M., 2009. Feasibility study of binary geothermal power plants in Eastern Slovakia: Analysis of OCR and Kalina power plants. The School for Renewable Energy Science, Akureyri. 73 p.

Krajacic, G., et al., 2011. Planning for a 100% independent energy system based on smart energy storage for integration of renewables and CO2 emissions reduction. Applied Thermal Engineering, 31(13), 2073-2083.

Lahmeyer International, 2008. Energy Interconnection Europe – Malta: Final Report – Work Package IIA. 425 p.

Lako, P., 2010. Combined heat and power. ETSAP, Paris. 6 p.

Larsson, S., 2012. Reviewing electricity generation cost assessments. Uppsala Universitet, Uppsala. 143 p.

Laitner, J.A., 2011. Energy efficiency investments as an economic productivity strategy for Texas. American Council for an Energy-Efficient Economy, Washington. 34 p.

Lee, S., 1996. Alternative fuels. CRC Press, Washington. 650 p. ISBN 978-1560323617.

Levidow, L., et al. 2013. Innovation priorities for UK bioenergy: technological expectations within path dependence. Science & Technology Studies, 26(3), 14-36.

Li, H., y Svendsen, S., 2012. Energy and exergy analysis of low temperature district heating network. Energy, 45(1), 237-246.

Loikala, J., et al., 2006. Opportunities for Finnish Environmental Technology in India. SITRA, Helsinki. 174 p. ISBN 951-563-520-9.

Lončar, D. y Ridjan, I., 2012. Medium term development prospects of cogeneration district heating systems in transition country – Croatian case. Energy, 48(1), 32-39.

Lund, H., 1999. District heating and market economy in Latvia. Energy, 24(7), 549-559.

Lund, H., et al., 2010. The role of district heating in future renewable energy systems. Energy, 35(3), 1381-1390.

McKinnon, D., et al., 2013. Housing assessment: Final report ETC/SCP 2012, Task 2.5.1.1. 110 p. European Topic Centre on Sustainable Consumption and Production, Copenhagen. 110 p.

Manicuta, M., 2010. Aspects on the development of the regulatory framework for promoting renewable energy in Romania. Autoritatea Naţională de Reglementare în domeniul Energiei, Bucarest. 10 p.

Manyes, A., et al., 2013. Block level study and simulation for residential retrofitting. 13th Conference of International Building Performance Simulation Association, Chambéry. pp. 88-95.

Market observatory for energy, 2013. Quaterly report on European Electricity Markets: volume 6, issue 2. European Commission, Brussels. 33 p.

Matsushuta, S., et al., 2002. High-Performance Absorption Chiller for District Heating and Cooling. Mitsubishi Heavy Industries, Ltd. Technical Review, 39(2). pp. 73-78.

Mayor of London, 2008. Costs of incineration and non-incineration energy-from-waste technologies. Greater London Authority, London. 85 p. ISBN 978 1 84781 123 3.

Menkveld, M., Beurskens, L., 2009. Renewable heating and cooling in the Netherlands: D3 of WP2 from the RES-H policy project. Energy Research Centre of the Netherlands, Petten. 46 p.

Ministerio de Economía, 2002. Resolución de la Dirección General de Política Energética y Minas, por la que se autoriza a «Endesa Generación, Sociedad Anónima», la instalación de una central térmica de ciclo combinado con cogeneración en el término municipal de Tarragona: jueves 5 diciembre 2002, BOE núm. 291. Ministerio de Economía, Madrid. pp. 10358-10359.

Molyneaux, A., et al., 2010. Environomic multi-objective optimisation of a district heating network considering centralized and decentralized heat pumps. Energy, 35(2), 751-758.

Morbee, J., 2012. Analysis of energy saving potentials in energy generation: Final results. European Union, Luxembourg. 18 p. ISBN 978-92-79-25611-0.

Müller, B., et al., 2001. Rejecting Kyoto: A study of proposed alternatives to the Kyoto Protocol. Climate Strategies, London. 55 p.

MWH, 2009. Electricity emission factor review. European Bank for reconstruction and development, London. 5 p.

National Research Council, 1984. Preprint, Proceedings of a symposium on district heating and cooling: National Academy of Sciences Auditorium, Washington, D.C., June 4-6. National Academy Press, Washington. 263 p.

Nemry, F., Uihlein, A., 2008. Environmental Improvement Potentials of Residential Buildings (IMPRO-Building). JRC, Seville. 324 p. ISBN 978-92-79-09767-6.

Newell, S.A., et al., 2014. Cost of New Entry Estimates for Combustion Turbine and Combined Cycle Plants in PJM. The Brattle Group, Cambridge. 56 p.

Nielsen, S. y Möller, B., 2013. GIS based analysis of future district heating potential in Denmark. Energy, 57, 458-468.

Northwest Power & Conservation Council, 2000. Regional costs and bulk power system benefits. Northwest Power & Conservation Council, Portland. Accessed at <http://www.nwcouncil.org/media/6665/EStarHPandACUpgradeMHPTCSrev.xls > on January 1, 2015.

Nowak, S., 2014. Reducing Energy Use of an Electric Floor Heating System and analyzing Thermal Comfort and Heat Transmission when using different Control Strategies. University of Gävle, Gävle. 57 p.

Nuorkivi, A., 2005. To the rehabilitation strategy of district heating in economies in transition. Helsinki University of Technology, Espoo. 138 p.

Osman, A. E., 2006. Life cycle optimization model for integrated cogeneration and energy systems applications in buildings. University of Pittsburgh, Pittsburgh. 507 p.

Ove Arup & Partners, 2011. Stockport Town Centre District Energy System: Recommended actions to create phase 1. Stockport Metropolitan Borough Council, Stockport. 53 p.

Parsons Brinckerhoff, 2009. Thermal power station advice - fixed & variable O&M costs: report for the electricity commission. Electricity Commission, Wellington. 20 p.

Pérez de Viñaspre, M., et al., 2004. Monitoring and analysis of an absorption air-conditioning system. Energy and buildings, 36(9), 933-943.

Pirouti, M., et al., 2013. Energy consumption and economic analyses of a district heating network. Energy, 57, 149-159.

Power Assets Holdings Ltd., 2011. Power Assets Holdings Limited Annual Report 2011: Group Managing Director's Report. Power Assets Holdings Ltd., Hong Kong. pp. 16-35.

Pöyry, 2009. The potential and costs of district heating networks. Pöyry Energy Ltd, Oxford. 152 p.

Punnonen, K., et al., 2013. Small and Medium size LNG for Power Production. Wärtsilä Finland Oy, Vaasa. 18 p.

Rafferty, K., 1996. Selected cost considerations for geothermal district heating in existing single-family residential areas. GHC Bulletin, August 1996. pp 10-15.

Rees, M., 2012. The integrated design of new build multi vector energy supply schemes. Cardiff University, Cardiff. 199 p.

Ricardo-AEA, 2014. The Durability of Products: Task 1 Report. Standard assessment for the circular economy under the Eco-Innovation Action Plan. European Commission, Brussels. 36 p.

Riddle, A., 2 013. District Heating & the Future Smart Cities Approach. Ramboll Group A/S, Copenhague. 18 p.

Rosnes O., Vennemo, H., 2009. Powering Up: Costing Power Infrastructure Spending Needs in Sub-Saharan Africa. The World Bank, Washington. 179 p.

RWE, 2005. Frimmersdorf and Neurath power plants: Electricity from Rhenish lignite. RWE Power AG, Bergheim. 11 p.

Rydstrand, M., 2004. An analysis of the efficiency and economy of humidified gas turbines in district heating applications. Energy, 29(12-15), 1945-1961.

Sallent-Cuadrado, R., 2009. Return temperatura influence of a district heating network on the CHP plant production costs. University of Gävle, Gävle. 89 p.

Sánchez Castaño, J., 2008. Analysis of a new District Heating line Evaluation of heat losses and hydraulic facilities. University of Gävle, Gävle. 87 p.

Schmidt, R.R., et al., 2013. Smart cities: Stakeholder platform – Smart thermal grids. 2nd Version. European Commission, Brussels. 28 p.

SEAI, 2010. Derivation of Primary Energy and CO2 Factors for Electricity. Sustainable Energy Authority of Ireland, Dublin. 3 p.

Smith, D.W., 1996. Cold regions utilities monograph (3rd ed.). American Society of Civil Engineers, Reston. 780 p. ISBN 0-7844-0192-6.

Statistical Office of the European Communities, 2014. Gas prices for domestic consumers, from 2007 onwards - bi-annual data. Eurostat, Luxembourg. Accessed at <http://appsso.eurostat.ec.europa.eu/nui/submitViewTableAction.do> on January 11, 2015.

Sysav, 2009. Heat and electricity from waste: Sysav's waste-to-energy plant. Sysav, Malmö. 23 p.

Tacis, 1995. Optimisation of energy supply and demand in municipalities: The example of Tver. European Commission, Brussels. 36 p. ISBN 92-827-5303-4.

Torchio, M.F. et al., 2009. Merging of energy and environmental analyses for district heating systems. Energy 34(3), 220-227.

Turner, A., 2009. Meeting carbon budgets – the need for a step change. Parliament Committee on Climate Change, London. 255 p.

Van Dijk, D., et al., 2004. Monthly method to calculate cooling demand for EP regulations (Progress Report). TNO Building and Construction Research, Delft. 25 p.

Vikkelso, A., et al., 2003. The Middelgrunden offshore wind farm: a popular initiative. Copenhagen Environment and Energy Office, Copenhagen. 28 p. ISBN 87 986690 3 6.

Vuorinen, A, 2007. National power system planning. Wärtsilä technical journal 02.2007. pp. 21-25.

Williams, D.J., et al., 2001. Greenhouse gas control technologies: proceedings of the 5th international conference on greenhouse gas control technologies. CSIRO, Collingwood. 1348 p. ISBN 0 643 06672 1.

Yakazi Europe Limited, 2008. Concepts for energy efficient cooling: Absorption chiller installation in a hotel. Accessed at <http://www.yazaki-airconditioning.com/applications/case_studies/hotel.html> on December 30, 2014.

Zangheri, P., et al., 2014. Heating and cooling energy demand and loads for building types in different countries of the EU: D2.3. of WP2 of the Entranze Project. Entranze Project, Vienna. 86 p.

Zhang, L., et al., 2014. China's Anshan project – A good example to implementing Scandinavian technology and environmentally friendly heat source to upgrade the DH system. The 14th International Symposium on District Heating and Cooling, Stockholm. 10 p.

Ziębik, A. y Gładysz, P., 2012. Optimal coefficient of the share of cogeneration in district heating systems. Energy, 45(1), 220-227.